超级探险家训练营

CHAO JI TANXIANJIA XUNLIANYING

训练营

穿越高原

CHUANYUE GAOYUAN

知识达人 编著

成都地图出版社

图书在版编目（CIP）数据

穿越高原 / 知识达人编著 . —成都 : 成都地图出版社 , 2016.8（2021.5 重印）
（超级探险家训练营）
ISBN 978-7-5557-0459-1

Ⅰ . ①穿… Ⅱ . ①知… Ⅲ . ①高原－普及读物
Ⅳ . ① P941.74-49

中国版本图书馆 CIP 数据核字 (2016) 第 210497 号

超级探险家训练营——穿越高原

责任编辑：程海港
封面设计：纸上魔方

出版发行：成都地图出版社
地　　址：成都市龙泉驿区建设路 2 号
邮政编码：610100
电　　话：028 - 84884826（营销部）
传　　真：028 - 84884820

印　　刷：固安县云鼎印刷有限公司
（如发现印装质量问题，影响阅读，请与印刷厂商联系调换）

开　　本：710mm × 1000mm　1/16
印　　张：8　　　　　　字　　数：160 千字
版　　次：2016 年 8 月第 1 版　印　　次：2021 年 5 月第 4 次印刷
书　　号：ISBN 978-7-5557-0459-1
定　　价：38.00 元

前言

　　为什么在沼泽地中沿着树木生长的高地走就是安全的呢？"小老树"长什么样子？地球上最冷的地方在哪里？北极的生物为什么是千奇百怪的？……

　　想知道这些答案吗？那就到《超级探险家训练营》中去寻找吧。本套丛书漫画新颖，语言精练，故事生动且惊险，让小读者在掌握丰富科学知识的同时，也培养了小读者在面对困难和逆境时的勇气和智慧。

　　为了揭开丛林、河流、峡谷、沼泽、极地、火山、高原、丘陵、悬崖、雪山等的神秘面纱，活泼、爱冒险的叮叮和文静可爱的安妮跟随探险家布莱克大叔开始了奇妙的旅行，他们会遭遇什么样的困难，又是如何应对的呢？让我们跟随他们的脚步，一起去探险吧！

主人翁

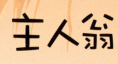

布莱克大叔（40岁）：地理学家、探险家，深受孩子们喜爱。

叮叮（10岁小男孩）：活泼好动，勇于冒险，总是有许多奇思妙想，梦想多多。

安妮（9岁小女孩）：文静可爱，做事认真仔细，洞察力较强。

目录

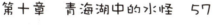

目录

第一章

向世界最高的地方进发

"你们在干什么？"一进屋，布莱克大叔就吓了一跳。

原来，叮叮正在客厅的一角用桌椅"叠罗汉"，他站在最高的椅子上，正努力弯腰去接安妮递给他的一张小凳子。

"太危险了！"布莱克大叔连忙扔掉背上的大背包，冲过

1

去扶住了叮叮。

安妮委屈地说道："布莱克大叔，我们做好了安全措施的。"

布莱克大叔低头一看，原来两个小家伙把所有的沙发垫子都搬来了，堆在周围，以免叮叮掉下来时摔伤。他哈哈大笑起来："服了你们两个小冒险家了，不过，以后凡是有危险的动作，必须在大人的看护下才能做，明白吗？"

"嗯，记住了。"两个小家伙认真地点了点头。

"那现在告诉我，你们俩刚才在做什么？"布莱克大叔亲切地把两个孩子搂在怀里问道。

"今天老师告诉我，越高的地方空气就越稀薄，所以我就找安妮来帮我做个试验，我已经站得很高了，可是根本感觉不出来啊！"

"哈哈哈！"布莱克大叔豪爽地仰天大笑起来，"我本来准备出趟远门，特地赶回来问问你们两个小家伙想不想跟我去，现在看来不用问了，因为我们要去的正是世界上最高的地方！"

"是迪拜塔吗？"叮叮好奇地问道。

"最高的地方是青藏高原！"安妮纠正叮叮，同时又对布莱克大叔说道，"给我们讲讲青藏高原吧！"

"好吧！"布莱克大叔略微思索了一下，拉着叮叮和安妮坐在地毯上，开始讲起来。

"高原是指面积较大、地势较陡峭、整体海拔明显高于四周的地区。它与邻地的交界都是陡坡，在地理学上，高原一般是以海拔500米为标准的。青藏高原则位于亚洲中部，主体位于中国境内，在印度、巴基斯坦、尼泊尔等国家境内也有部分延伸，总面积将近300万平方千米。它的平均海拔有4000~5000

米，是世界上第一高原。世界最高的山峰珠穆朗玛峰就位于青藏高原，所以青藏高原被称作"世界屋脊"，那里气候特殊——"

"好啦！"叮叮有点不耐烦地打断了布莱克大叔的话，"在学校里老师天天讲，您就别给我们上课了。布莱克大叔，您就告诉我那里好玩吗，有危险吗？"

布莱克大叔笑了，"那里肯定会让你俩满意，至于危险不

危险……"他装作非常紧张的样子，"大概会是一次非常精彩刺激的冒险哦！"

"哇，太棒了，我们马上就出发吗？"看到布莱克大叔笑着点了点头，两个孩子兴奋地跳了起来，尖叫着跑回自己屋里收拾东西，依稀间还传来安妮的歌声："呀啦索，那就是青藏高原……"

很快，两个全副武装的小家伙就出现在布莱克大叔眼前，他们默契地做出一个动画片里"超级英雄"的姿势："出发吧，伟大的高原大冒险！"

第二章

安妮的背包"肿"啦

一坐到飞机舒服的沙发上，两个兴奋了一路的小家伙就睁不开眼睛了。热心的空乘人员拿来暖和的毛毯给他们盖好，两人马上就进入了睡梦之中。

不知飞了多久，飞机忽然轻微地颤动了一下，叮叮马上醒了，他把脸贴在玻璃上向外看去，立刻被窗外的景色震惊到了：整个天空无比洁净透明，就像一块巨大的蓝宝石一样，一

　　团团洁白无瑕的云朵像巨大的棉花糖一样堆在飞机下面，云朵的缝隙中，一片壮观的绿色大陆若隐若现，还有密密麻麻的褐色山脊，上面覆盖着皑皑白雪，像戴着一顶顶白帽子一般。

　　叮叮连忙叫醒了安妮，安妮也吃惊地瞪大了眼睛，张大了嘴巴，说不出话来。这时，布莱克大叔也醒了，看着两个可爱的小家伙，他微笑着说道："看来我们快到达目的地喽！"

　　飞机刚一停好，叮叮和安妮就急不可待地冲下了舷梯。叮叮兴奋地跑在前面，忽然听到安妮尖叫了一声，他马上停住脚步回过头，只见安妮紧张地指着自己的背包，喊道："我的背包怎么'肿'啦？"

果然，安妮的背包鼓鼓囊囊的，像一只生气的癞蛤蟆。叮叮摸了摸脑袋，问道："肯定是你装得太多了吧？"

安妮拎着背包说："才不是呢，我只是装了一些零食，拉链很轻松地就拉上了，你看现在，拉链都绷紧了！"

叮叮突然来了兴趣："是不是咱们在飞机上睡觉时，高原上有什么吃零食的怪物钻到你背包里去了，吃啊吃啊，吃大了肚子，所以把背包撑得鼓起来了？"安妮听说有怪物，吓得连

忙把背包扔到了地下。

叮叮壮了壮胆子，走上前去，轻轻摸了一下背包："软软的，看来这个怪物并不可怕。"

这时，布莱克大叔赶了过来，笑眯眯地站在一旁看着。叮叮胆子更大了，他轻轻拉开了背包：哇！一袋袋零食从背包里滚了出来，它们的塑料袋胀得圆滚滚的，像气球一样。

安妮吃惊地说道："怎么回事？我记得很清楚，它们装进去的时候并不是这个样子啊？"

叮叮想了想说："嗯，看来吃零食的怪物跑到袋子里面去了！"说完，他抓起一个袋子，轻轻捏了一下，不料袋子"啪"地一声爆炸了，里面的

薯片飞得到处都是。

安妮吓得大叫一声，捂住了自己的眼睛，叮叮也吓得倒退了好几步。

布莱克大叔哈哈大笑着走过来，帮他们收拾散落的东西，告诉他们道："这是正常的自然现象，因为零食袋子里的空气是在平原地区充进去的，一旦到了高原，大气压变低，袋子就会膨胀起来，根本就不是什么怪物。"

两个小家伙听完也哈哈大笑起来，他们觉得这高原实在太神奇了，肯定还会有无数精彩刺激的故事等待着他们。

大气压

　　由于受地球引力作用，空气也是有重量的，这个重量压在地球上所有的物体上，产生的压力就叫大气压。地球被一层很厚的大气层包裹着。因为地球的表面有起伏，地势高的地方，大气层就要稀薄一些，产生的压力也要小一些，这样就有了大气压的变化。科学家们把海平面的大气压定为标准大气压，因为那里的气压可以压起760毫米汞柱，也就是说，标准大气压是760毫米汞柱。而在青藏高原，大气压会降到600~700毫米汞柱，远远低于标准大气压。

第三章

布达拉宫内的探险

听说托运的设备有点问题，布莱克大叔把叮叮和安妮交给当地旅游团，就和同伴匆匆离开了。

叮叮和安妮趴在大巴车的窗边，享受着高原美丽的风景。突然，叮叮指着远处一座建筑大喊起来："看，那是什么？"

只见前面的山上，一座城堡依山而建，气势磅礴，群楼重叠，色彩凝重，大有横空出世的感觉。导游笑着回答："这就是著名的布达拉宫啊！"

爬上许多级台阶，大家都觉得有点热，但一走进布达拉宫大门，叮叮和安妮顿时感到了凉意，叮叮奇怪地问："一定是装了空调吧？"导游笑着解释："布达拉宫下面有四通八达的地道，墙上也修了很多通风口，因此，布达拉宫的通风非常好，而且由于布达拉宫的墙体厚实，所以保温效果也特别好，宫内是冬暖夏凉的。"

　　听完讲解，安妮再看看布达拉宫入口，惊叹了一声："天啦，这么厚的墙！"叮叮这才发现入口处的宫墙居然有四五米厚！整个墙体都是用花岗石块垒成，石缝中间还浇灌了铁水，使墙体变得更牢固，怪不得布达拉宫可以盖得这么高。

　　很快，叮叮又有了新的发现："这地面一定是用大理石铺

的，真光滑漂亮啊！"

安妮仔细看了看，说道："不对，整个地面都没有接缝，这应该是水磨石吧？"

导游听到他们的对话，夸奖道："好细心的孩子啊，这不是石头，是阿嘎土。"

阿嘎土是高原上的一种特殊建筑材料，是山坡上灌木丛下的土壤，由风化的石头和植物的腐殖质构成，主要成分是硅和钙。当地人把阿嘎土挖出来，筛净捣碎，然后掺上树胶、酥油和蜂蜜，

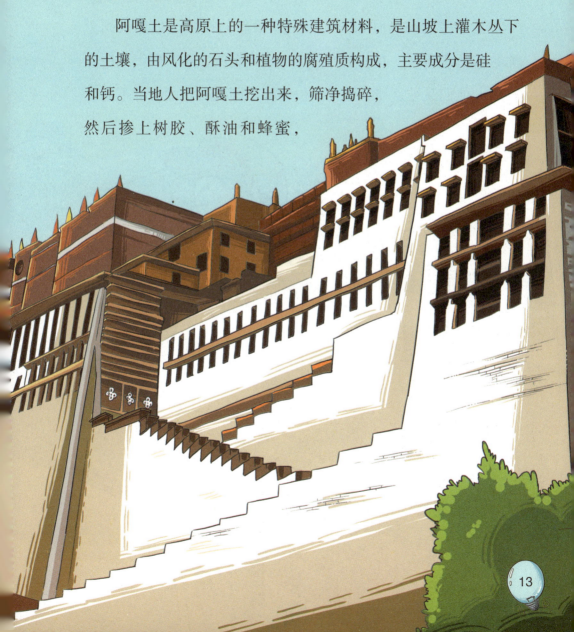

将颗粒按由粗到细一层层砸结实，就成了坚固光滑的地面或屋顶。砸阿嘎土是很多人一起进行的，大家排着整齐的队伍，手持木夯，边砸边伴着木夯的节奏歌舞，场面十分壮观。砸完以后，还要用羊羔皮蘸上酥油一遍遍擦拭，直到表面像玻璃一样能照出人影。

　　受到鼓励的叮叮和安妮马上开始新的探险，他们找到了无数的新奇事物：有鸡蛋大的宝石、纯金的宝塔，爬上几层楼梯后，他们又被宫墙吸引住了。和刚才刷成白色的石墙不同，

这里的墙是由一种红色的、松软的东西盖成的，导游笑着说："真是两个小探险家啊，这是白玛草墙。"

白玛草学名叫怪柳，也是高原上的一种珍贵建材，当地人把它的枝条割下来，剥皮晒干，然后用药水浸泡后，切成合适的长段，捆成小捆，在墙外一层层堆起来，或者在地基上垛成墙，再用石头压牢，这样的墙不仅能保温防雨，也不会生虫腐烂，而且还有很好的防震效果。由于白玛草墙很轻，能减轻墙体的分量，因而最适合在高层的建筑上使用，但由于造价

太高，只有那些宫殿、庙宇才用得起。

很快要到出口了，叮叮和安妮都以为这次新奇的冒险即将结束了，不料导游笑嘻嘻地说："一定要去一下厕所，很刺激哦，小冒险家！"

不等安妮回答，叮叮已经迫不及待地钻进了厕所，结果并没发现什么特殊的地方，他有点失望，随后走近一个

蹲坑时，被吓得跳了起来。原来这间厕所居然是用石板盖在悬崖上的，那个蹲坑就是石板上挖的一个洞，从洞里往下看去，山下风光一览无余，足有几十米高！叮叮突发奇想，从背包里掏出一颗糖扔了下去，看着糖落啊落，直到消失在视线里，也没听到响声，叮叮哈哈大笑起来："真是探险家才敢用的厕所啊！"

等叮叮出来，看到安妮眼睛也是亮亮的，显然是看过厕所了，俩人一起笑着说："真是一次完美的冒险！"

布达拉宫

布达拉宫位于中国西藏自治区首府拉萨的红山上，是世界上海拔最高的宫殿建筑，海拔高度将近3750米，有"世界屋脊上的明珠"之称。建筑高度约117米，共有13层，拥有2000余个房间。整个建筑依山而建，沿山而上，因此，建筑正墙与后墙的高度差别极大，在民间有"三层砖盖千尺殿"的说法。同时，由于布达拉宫曾长期作为西藏政教中心的特殊地位，里面汇集了大量珍贵的历史文物，是文化界的一块瑰宝。因此，布达拉宫被世人公认为拉萨乃至整个青藏高原的象征。

第四章

鬼怪偷走了叮叮的魂魄

一大早，安妮就去敲叮叮的房门，可叮叮死活不肯开门。无奈之下，安妮叫来服务员帮忙打开了门。只见叮叮蒙头睡得正香，这个精力充沛的家伙可从来没这样睡过懒觉啊！安妮连忙推醒了他："叮叮，快去吃早餐啦！"

叮叮裹紧被子说道："不去啦，我不饿。"

安妮生气了："不吃早餐可不行，再说今天我们还要探险呢！"

听到探险，叮叮忽地坐了起来，迷迷糊糊开始穿衣服，服务员也笑着退出了房间，可叮叮忽然莫名其妙地站起来，跟着服务员往屋外走去。

"叮叮！"安妮大声喊住了叮叮，叮叮一哆嗦回过神来，赶紧洗脸刷牙，跟着安妮去了餐厅。可在餐厅里，叮叮的行为更奇怪了，他装了满满一盘子食物，但忘了拿刀叉，取来了刀叉，结果又忘了盘

子放在哪儿。

安妮觉得很奇怪，追问叮叮发生了什么，叮叮纠结地扭了一会儿手指。最后，他拉住安妮的手，小声说道："安妮，我的魂魄被鬼怪偷走了！"

"叮叮，你可是一直不相信有鬼的！"安妮吃惊地喊道。

"这次也许是我太过分了，"叮叮紧张地说道，"我先朝路上的佛像做了鬼脸，晚上洗澡时，我又学电视里的人跳魔鬼舞。然后突然觉得胸闷、头疼，我以为是浴室太闷，就赶紧上床休息了，可躺下后怎么也睡不着，只好一直数羊，好容易才睡着，等你喊我时，我浑身跟散了架一样，怎么都睁不开眼，我想一定是我惹怒了鬼怪，它们偷走了我的魂魄，电视里就是这样演的！"

"别害怕，"安妮坚定地说道，"我们去找布莱克大叔，无论发生什么事情，他一定有办法。"

布莱克大叔听完叮叮的讲述，摸了摸他的额头，发现叮叮并没有发烧。

"叮叮可不是容易被惊吓到的孩子啊！"布莱克大叔自言自语道。

"我不是被吓到了，是真的有鬼怪，"叮叮咬了一下嘴唇，犹豫地说道，"我可以看到它们，在屋里飘来飘去。"

安妮赶紧捂住了嘴巴，布莱克大叔担忧地看了两个小家伙一眼："安妮，你先陪叮叮去休息，我马上去找医生！"

安妮扶着叮叮上了床，勇敢地抓住他的手，陪在一旁。

很快，大夫来了，他认真检查完叮叮的身体后，又仔细询问了叮叮昨天的经历，最后哈哈大笑起来："根本不是鬼怪，也不是被惊吓到了，这只是高原反应而已！"

布莱克大叔长出了一口气，问道："高原反应不是只有头疼、胸闷吗，怎么叮叮会有这样奇怪的反应？"

大夫笑眯眯地说道："一天的游玩结束后，叮叮又在浴室跳舞，我问了他，洗澡水的温度很高，而且那种所谓的'魔

鬼舞'的动作很剧烈，过度的身体消耗使他产生了高原反应。高原的新鲜感使得叮叮过度兴奋，而且他又看了鬼怪题材的电视，所以他的高原反应就主要体现为产生了幻觉。"

"果然是幻觉，"叮叮不好意思地笑了，但他马上又担忧起来，"听说产生了高原反应就得离开高原，是吗？"

"对，当高原反应很强烈的时候，就必须离开高原。"听到这个答案，叮叮都快哭了。

但大夫马上笑着说："不过你的反应很轻微，休息一下就好，根本用不着离开。"

"可我觉得头晕、浑身疼，而且困得要死。"叮叮迷惑地说道。

"你昨晚数了多少只羊才睡着？"大夫笑眯眯地问道。

"不到两万只吧！"叮叮仔细回忆着。

"数到两万，要将近五个小时啊！"布莱克大叔吃惊地喊道，随即大家同时爆发出一阵笑声。

"原来我真的只是没睡够！"得知了真相的叮叮终于不再紧张，他不好意思地笑笑，在大家的注视中，安心地睡着了。

高原反应

　　高原反应是指人体急速进入海拔3000米以上的高原后，因为环境改变而产生的一系列不适症状。最常见的症状有头痛、头昏、胸闷、气短、乏力等，有时嘴唇、指甲还会变紫，面部浮肿。有的人还会出现精神恍惚、产生幻觉等现象。严重时可能引发肺水肿和脑水肿，有致命的危险。

　　高原反应的产生其实是我们的身体在做适应环境的调整。高原上空气稀薄干燥、气压降低、紫外线增强，为了保证氧气的供应，我们的身体会加快呼吸和心跳频率，来提高血液含氧量，加快血液流速。

第　五　章
馋死人的高原美食

　　叮叮和安妮跟随旅行队伍来到村里，颠簸了一路，他们早已饿得前胸贴后背了。前来接待的扎西老爹似乎发现了这点，笑嘻嘻地说："大家先吃饭！"

　　首先端上来的是一盆米饭，里面搅着花生豆一样的东西，叮

叮和安妮在心里嘀咕着："怎么先上主食呢？"但出于礼貌，他们还是学着别人的样子，盛了一小碗吃起来。哇，格外香甜！原来这叫"足玛米饭"，是用高原特产人参果和米饭拌上酥油蒸出来的。人参果又叫蕨麻，不仅味道鲜美，而且营养丰富。用它做出来的足玛米饭是高原人家招待客人的首道食物，出于对主人的尊重，客人是必须要吃的，叮叮和安妮吃了一碗又一碗，把主人乐得眉开眼笑，连连告诉他们后面还有好吃的。

第二道菜是一大盆羊肉。扎西老爹给大家每人发了一把精致的小刀，然后站起身，把羊尾巴附近的、带着一缕羊毛的肉割下来，放到布莱克大叔的盘子里，又割了两块挨着羊尾巴的肉放到叮叮和安妮的盘子里，叮叮和安妮连忙学着布莱克大叔的样子，站起身给扎西老爹鞠了一躬。藏族吃羊肉讲究新鲜，现杀的羊马上放进大锅，用大火猛煮，不用放调料就鲜美异常。据说，羊尾巴附近的肉是最好吃的，主人会把它割下来献给最尊贵的客人，有时主人还会特意在宰杀时，在羊尾上留下一缕长长的羊毛表示吉祥。

第三道菜是金黄色的、肥而不腻的猪膘。猪膘是将宰杀后的生猪去内脏、剔除骨头，用盐和花椒抹在腹腔内，将猪缝合，风

腌成完整的腊猪，猪膘就算做好了。有时为了去除油腻，还会用大石头压出肉里多余的油脂。这样做出来的猪膘不仅味道鲜美，而且可以长期存放而不变质，可以保证在高原上也能一年四季吃到美味的猪肉。

紧接着端上桌的是一大盆白色的面粉，然后是一大瓷壶奶茶、一块块酥油，还有白糖、食盐、果仁等等，原来是大名鼎鼎的糌粑来了！为了吃到它，叮叮和安妮一路上已经向布莱克大叔请教了好多次呢！现在，他们熟练地把炒青稞面粉抓到碗里，浇上奶茶，用一根手指迅速地搅拌，把面粉搅到酥油茶里面去。等搅匀后，就开始用几根手指伸到碗里连抓带捏，很

快，碗里的东西就变得黏稠起来，捏成团就可以用手拿着吃了。哇，简直太好吃了，有一股直冲脑门的奶香味，还有一种沙沙糯糯的感觉，叮叮和安妮美美地闭上了眼睛。

糌粑，是藏语"炒面"的音译。它是用高原特有的一种大麦——青稞，加上豌豆等炒制而成的。把整粒的青稞洗净，不去皮放到锅里炒，为了炒得更均匀，还要加上洗干净的细沙，等炒出香味后，把沙子筛掉，再磨成面粉。

青稞含有非常丰富的膳食纤维和微量元素，再加上酥油、茶、盐、糖做成的糌粑，是十分适合高原地区的人食用的高热、高能食品。这种炒面与酥油茶分别存放，食用时再混合到一起，使糌粑易于携带和保存。高原上的游牧民族经常怀里装个木碗，腰间拴个装青稞面的长条口袋，再背上一大袋皮囊装的酥油茶，就可以走很远的路。

最后端上来的是香喷喷的酸奶。在高原上，第一道食物象征吉祥，最后一道象征圆满，都是必须吃的。虽然叮叮和安妮的肚子早就撑得圆滚滚的了，可出于礼貌，还是咬牙喝了一点儿，他俩悄悄说道："差点儿就被撑死啦，原来在高原吃饭也是一种冒险呀！"

高原上的食物

由于青藏高原独特的地理环境，这里很少有瓜果蔬菜，因此，高原的饮食以耐寒的青稞、小麦为主食，副食主要是各种肉类制品和奶制品。高原气压低，水的沸点也随之降低，面食无论蒸煮都不容易熟透。针对这一点，聪明的高原人巧妙地发明了把青稞炒熟，加上奶茶制成糌粑，把小麦粉制成烙饼吃的主食加工方法。

第六章

一起去打酥油吧

吃完了糌粑，又睡了一大觉，等叮叮和安妮醒来，扎西老爹正慈祥地冲他们笑着："醒啦？你们的叔叔跟我说好啦，让你们跟着我去打酥油！"

"打酥油？"听到这奇怪的词，两个小家伙立刻兴奋起

来，跟着老爹往外走。叮叮好奇地问："用棍子打它吗？"扎西老爹笑得胡子直抖，他指了指院子一角："用那个打！"

只见院角立着一个大约120厘米高的大木桶。桶上打着好几个漂亮的铜箍，为了便于固定，桶的下半截被埋在了土里。

"这个就是酥油桶，是专门打酥油用的。"说着，扎西老爹又拿起另一件东西——一块圆木板，上面挖着好多小洞，有点像家里做饭用的蒸屉，圆木板的中间还安了一根长长的木柄。"这个叫甲罗，是搅拌牛奶用的工具。"

扎西老爹轻轻将甲罗放进盛奶的木桶里，为了防止奶洒出来，又在上面加了一个盖，然后抓住甲罗的木柄缓缓压了下去，可以听到桶里的奶"唰唰"流动的声音。压到底以后，老

爹松开手，甲罗自己又慢慢浮了起来。

叮叮觉得好玩，大声喊着："扎西老爹，我想试试！"扎西老爹笑呵呵地把甲罗的木柄让给了叮叮，叮叮得意地想：让扎西老爹见识一下我的力气！然后，他用尽全身力气猛地一压，不料甲罗沉得要命，居然压不下去，安妮见状连忙去帮忙，两个人一起才勉强能压动，压了十几下，两个小家伙都气喘吁吁，叮叮擦着汗问："好了吗？"

扎西老爹笑呵呵地说道："早着呢，这一大桶得压1000次才行！"

"啊？！"叮叮和安妮一下子被吓得一点儿力气都没有了。扎西老爹哈哈笑着接过手，熟练地压起来，两个小家伙佩服地说："扎西老爹真厉害！"

　　压了几百下，扎西老爹给桶里添了点儿热水，又继续压。不久，扎西老爹也满头大汗了，他掀开木桶说："打出酥油了，快来拿！"果然，桶里浮着一层白花花的东西，叮叮和安妮连忙跟着老爹用手把这些东西捞出来，放到旁边盛着凉水的大木桶里用力搓洗，把混在酥油里的奶洗出来，洗剩的东西放在一块白布上。扎西老爹把它们捏到一起，拍啊拍，最后就成了一大团白

白软软的东西，他笑呵呵地说："这个晾干后就是最好吃的酥油啦！"

叮叮看着那团酥油吃惊地说："这么一大桶奶才能做这么点儿酥油啊？"扎西老爹拍了拍酥油说："嗯，100斤奶也就能出五六斤酥油吧！"

安妮可惜地看着桶里剩下的液体说："那这些水就这样倒掉吗？多浪费啊！"

扎西老爹笑了："不会浪费，把它煮一煮，就可以做成酸甜可口的奶渣！"

叮叮和安妮擦了擦头上的汗，虽然很累，但学到了这么多知识，二人都觉得非常开心。

酥油

酥油是指从牛奶或羊奶中提炼出来的固态物质，主要成分是脂肪、蛋白质和一些微量元素。酥油富含各种微量元素，营养价值非常高，而且味道鲜美。加上酥油可以使食物变得酥软，所以它是一种非常好的食材，可以制作出各种美味的食品。除食用外，在高原，酥油还可以用来点灯、美容以及当作建材，因此，是一种高原人离不开的必需品。

第七章
惊心动魄的羊群保卫战

　　叮叮和安妮尝完了酥油，随后闹着要去看看奶羊。扎西老爹同意了，可马上就要到羊群了，扎西老爹却站住了。

　　"多吉？"扎西老爹像在呼唤谁。

　　"是牧羊犬吧？"聪明的安妮兴奋地猜测道。

“是那几只吗？”眼尖的叮叮指着远处的草丛。

扎西老爹眯着眼、顺着叮叮的手看去，突然抓住叮叮和安妮的手臂，说道：“不要乱动，那是高原狼！”

“它们会吃羊吗？”安妮紧张地问。

“它们吃不到，”扎西老爹坚定地回答，“因为有多吉在！”

“可多吉在哪儿，它都不理你啊？”叮叮有点怀疑。

几只狼鬼鬼祟祟，离羊群越来越近了。发现了危险的羊开始慌乱起来，这是狼进攻的最好机会，一只健壮的高原狼突然冲着最小的羊羔扑去。叮叮和安妮担心地握紧了拳头，正在这时，随着一声咆哮，一个威猛的身影从草丛中跃出，一下子将那只狼扑倒在地，张开大嘴狠狠咬了下去，受伤的狼挣扎着大声惨叫，剩下的狼一起冲了过来，想救出自己的同伴。那只扑在狼身上的巨大动物突然仰起头一声怒吼，头上长长的金色粗毛迎风披散，显得威风凛凛。

叮叮吃惊地张大了嘴巴："天啊，是头狮子！"

"可又不太像呢！"安妮犹豫地看着扎西老爹。老爹骄傲地回答："它就是多吉，最勇猛的藏獒！"

几只狼同时向多吉发起了进攻，甚至可以清楚地看到那白森森的狼牙在闪光，可多吉一个转身就把它们都甩在一边，被多吉扑在身下的那只狼趁机夹着尾巴逃开，再也不敢靠近。

　　狼群仗着自己数量多，大声嚎叫着想包围多吉，聪明的多吉不断调整姿势，总是面对着离自己最近的一只狼。狡猾的狼群轮流向前，试图干扰分散多吉的注意力，一时间，双方形成了僵持的局面。

　　不过僵局很快被打破了，有一只粗心的狼错误估计了多吉的攻击范围，冲得太靠前了，多吉毫不犹豫地一个箭步冲上去

咬住了它的脖子，把它压翻在地，其余几只狼趁机也扑在多吉身上乱咬，多吉忍住疼，又狠狠咬了几口身下的狼，才一耸身子，抖开了咬在自己身上的狼。受伤的狼爬起身，也远远躲开了。现在只剩下三只狼了，它们发出一阵阵嚎叫，却不敢再向多吉发起进攻，终于，随着多吉的一声怒吼，几只狼夹着尾巴逃走了。多吉也没追赶，警惕地看它们跑远后，才摇着尾巴向扎西老爹跑来。

扎西老爹迎上去，牢牢地抓住了它的项圈，并警告叮叮和安妮不要走得太近。叮叮掏出一粒牛肉干扔给多吉，笑嘻嘻地夸奖它："你真厉害！"可多吉根本不理会牛肉干，反而冲着叮叮低吼了一声，吓得叮叮一哆嗦。原来藏獒非常忠心，它只认自己的主人，不轻易吃陌生人的东西，而且藏獒的领地意识特别强烈，它认为羊群是自己的保护范围，一旦有陌生人或野兽进入它的领地，都会引起它的不安甚至攻击。

　　"刚才您呼唤它的时候，它为什么置之不理呢？"安妮还是觉得有点奇怪。

"它正准备攻击入侵的狼，一旦出声会被对方发现。"扎西老爹笑眯眯地解释着，他轻轻拍了下多吉的脑袋，"这是咱们的小客人，你要欢迎他们！"多吉扬起巨大的脑袋，仔细地观察着叮叮和安妮，两个小家伙连忙站好，露出崇拜的表情，多吉这才低叫了两声，并且摆了摆尾巴以示友好。

叮叮和安妮擦了下头上的冷汗："藏獒真是高原上英勇而骄傲的英雄啊！"

藏獒

藏獒是一种以勇猛著称的世界名犬，原产于中国西藏，最早是皇家保卫犬，后来广泛流散于民间。据说，藏獒是许多大型凶猛犬类的祖先。藏獒体格健硕，骨骼粗壮，成年藏獒身高可以达到80厘米以上，体重将近100千克。藏獒的强壮体格能适应非常艰苦的自然环境，强健的心肺可保证它在海拔5000米以上的高原生存。藏獒的体毛分为两层，外层粗糙，可以保护身体，内层柔软细密，有良好的保温作用，因此藏獒可以直接在冰雪中睡觉而不被冻伤。

第八章

抢"新娘"的野牦牛

扎西老爹刚领着叮叮和安妮登上山坡，两个小家伙立刻兴奋地大喊起来："牦牛！"

只见山坡下方零零散散地站着几十头牦牛，有黑褐色的、有金黄色的，还有几头雪白色的，它们的肚子上、脖子上都长着长长的毛，直垂下来挡住了膝盖，看不到腿打弯，

加上它们走得特别慢，所以当你盯着它看的时候，会产生牦牛在地上慢慢滑动的错觉，就像水面上的小船一样。叮叮和安妮都哈哈大笑起来，他们一下明白了为什么牦牛叫"高原之舟"而不是"高原之车"。

牦牛是一种极度耐寒耐艰苦的动物，它可以攀登到海拔6000米以上的雪域高原，它脖子和肚子上长长的毛是为了保护喉咙、腹部等重要器官以及膝关节。牦牛有6个胃，经过反刍可以消化粗糙的纤维植物，而且牦牛有着坚硬的蹄子和铁梳子一样的舌头，它慢慢行走时用蹄子踢开冰冻层，用口唇拨开沙土，然后用舌头上坚实的肉刺把草根"刷"下来吃掉。

安妮好奇地问："这么多牦牛，放养起来很麻烦吧？"

扎西老爹呵呵笑了起来："一点也不麻烦，牦牛虽然有

时脾气很大，但它们胆子很小，是不会轻易离群的，所以很容易放牧。顶多是有的牦牛光顾着吃草，走远了而已。"

老爹从怀里掏出一根牛皮制成的绳子，上面带着一个小皮套，两个小家伙立即好奇地瞪圆了眼睛。老爹笑眯眯地说："这个叫抛石索。"说着，他捡起一粒小石子搁到皮套里，把皮索高高举过头顶，急速挥转起来，然后猛地一抖，皮套里的石子像子弹一样"嗖"地飞了出去，打在一头最远的牦牛旁边，那头正在专心吃草的牦牛听到石子落地的声音吃了一惊，抬头一看，才发现自己已经远离了牛群，连忙乖乖跑了回来，

　　叮叮和安妮看到这好玩的一幕，捧腹大笑起来。

　　突然，叮叮指着远方说道："那头跑得太远了，扎西老爹快打它！"

　　扎西老爹眯着眼睛瞅了瞅，奇怪地说："不会跑那么远的，而且整个村子也没这么漂亮的牦牛啊。"他一边自言自语，一边真的捡起石子打去，可是那头牦牛听到石子落地后，根本不像刚才那头牦牛那样赶紧找牛群，反而很生气地晃着粗大锋利的牛角，仰头发出猪一样的嚎叫，好像是在对发射石子的人示威。

　　听到叫声，扎西老爹吃了一惊："糟了，是发情的野牦牛来抢'新娘'了！"说着，他连忙赶着牛群往村子的方向

跑。可那头野牦牛仍死死地追着牛群，不肯离开。扎西老爹又捡起几颗大石子，接连向野牦牛打去，都打在了它身上，发出"砰砰"的声音。可这头野牦牛一点儿也不怕，反而朝着叮叮和安妮的方向冲过来，扎西老爹挡在前面大声喊着："快跑！"可叮叮和安妮担心扎西老爹，不肯离开，也捡起石头砸向野牦牛。

突然，山坡下传来一阵急促的口哨声和喇叭声，吸引了狂躁的野牦牛的注意力。它回头一看，只见布莱克大叔站在越野车上，正拼命吹口哨、按喇叭、做鬼脸，野牦牛被激怒了，它掉头向越野车冲去，布莱克大叔见状，连忙开动汽车，不料启动太猛，车一下子熄火了！

"快跑啊！"坡上的三个人一起大喊，可布莱克大叔仍然稳稳地坐在车里按着喇叭。野牦牛更愤怒了，它重重一头顶向汽车。野牦牛比牦牛强壮得多，身高能达到180厘米，体重超过600千克，奔跑时速可以达到60千米。可在布莱克大叔巧妙的引诱下，它狂怒地一头撞在了车的后尾——只听"轰"的一声，汽车发动了！布莱克大叔开始灵活地驾驶汽车和野牦牛周旋，把野牦牛气得不断发出粗重的喘息声。

扎西老爹突然大声喊道："布莱克，停下吧！"布莱克大叔吃惊地抬起头，只见扎西老爹指着一头离群的漂亮牦牛说："有母牛喜欢上它了，让它们走吧，不然它不会罢休的！"野牦牛看到向自己走来的母牦牛，突然变得不那么狂躁了，它迎上去，蹭了蹭母牦牛的鼻子，然后领着它慢慢离开了。

惊魂未定的叮叮和安妮来到布莱克大叔的车前，只见车身居然被野牦牛顶出一个窟窿，他俩吐了吐舌头："这个抢'新娘'的野牦牛可真厉害！"

牦牛与野牦牛

牦牛是青藏高原特有的一种动物，可以供人骑乘，也可以负重运输。由于生活在恶劣的环境中，牦牛还有辨识道路的本领。牦牛是高原重要的奶源，牛皮可以制革，牛毛可纺织或制作绳索，牛粪可以当作燃料或建筑材料，因此牦牛是高原人民离不开的重要伙伴。

野牦牛则是未驯化的牦牛，它们一般聚群而居，比驯养的牦牛高大健壮，脾气也更暴躁，很少有野兽能伤害到它们。群居的野牦牛一般不会主动攻击人类，但离群的孤牛则非常危险。

第九章
壮观的羊八井温泉

　　"想洗澡吗？"布莱克大叔笑嘻嘻地搓着手，工作的事情都理顺了，看起来他心情不错，"我要带你们去最壮观的温泉！"

　　"为什么说温泉壮观？"叮叮和安妮心里嘀咕着，觉得很奇怪。

从拉萨出发，一个小时后，大家就到了一个叫羊八井的地方。车停在一个巨大的工厂里，工厂里所有的厂房都被笼罩在浓浓的白雾之中，不时有"哧哧"的巨响传出，叮叮和安妮觉得这里的空气非常潮湿闷热，就像进了桑拿房一样，他们好奇地小声问道："难道布莱克大叔要带我们在这儿洗澡？"

　　布莱克大叔爽朗地笑了："这就是著名的羊八井地热电站！"他带着叮叮和安妮去参观。由于地下压力大，水的沸点也随之变高，这里的水达到了145℃，滚烫的开水被管道引到密闭容器里，由于压力骤然降低就变成了高温的水蒸气，喷射的水蒸气推动蒸汽轮机叶片旋转，热能就变成了电能。温度变低

的泉水由于含有毒害物质，不能直接排放，于是就通过另一个管道压回地底，整个发电过程经济环保。拉萨市将近60%的电力都是由这里供应的。

参观完热电厂，叮叮和安妮觉得很长见识，但都没觉得哪里壮观，布莱克大叔微笑着说："别着急，让我们继续参观吧！"

很快，布莱克大叔带领叮叮和安妮来到一个美丽的大湖边，湖上蒸腾着一团团白云一样的雾气。叮叮和安妮吃了一惊："这么大的温泉？"两个人连忙跑到湖边把手放进湖水里，然后一起猛地缩回手，龇牙咧嘴地挥舞着。布莱克大叔哈

哈笑道："两个小探险家也太勇敢了吧，这里的湖水平均温度在47℃以上，必须引出来降温才能泡澡，你们没发现连地面都是热的吗？"叮叮和安妮摸了下地面，果然是热乎乎的，看来探险的确不能大意啊，幸亏没冒失地跳进湖里游泳。

突然，湖里"哗"的一声响，一条巨大的热水柱腾空而起，伴随水柱喷射出大量的水蒸气，好久才安静下来，把叮叮和安妮吓了一跳。两人正要问布莱克大叔这是怎么回事，那水柱又"哗"的一声喷出来，虽然比上次矮些，但还是很吓人。两个人连忙躲得远远的，水柱又喷了几次，终于不再折腾了。

布莱克大叔笑着解释："这叫间歇性喷泉，形成原因是它有一条比较深而密闭的泉水通道，在通道下方，滚烫的地热把水加热成水蒸气，膨胀的水蒸气压力被通道上方的水压住，当水蒸气压力足够大时，便会把通道里的水喷射出来，就像壶里的水沸腾以后，会从壶嘴向外喷水一样。水被喷出后，泉水通道里压力减小，湖水再次灌进通道，准备形成下一次喷射。"

叮叮和安妮都觉得间歇性喷泉很神奇，但离壮观还有点距离。这时，布莱克大叔接了一个电话，而后突然神秘地说："快一点儿，你们马上就要见到真正壮观的景象了！"

布莱克大叔带着叮叮和安妮来到一个安静的小山谷，这里围着长长的警戒带，站岗的人看过布莱克大叔的证件后，给了

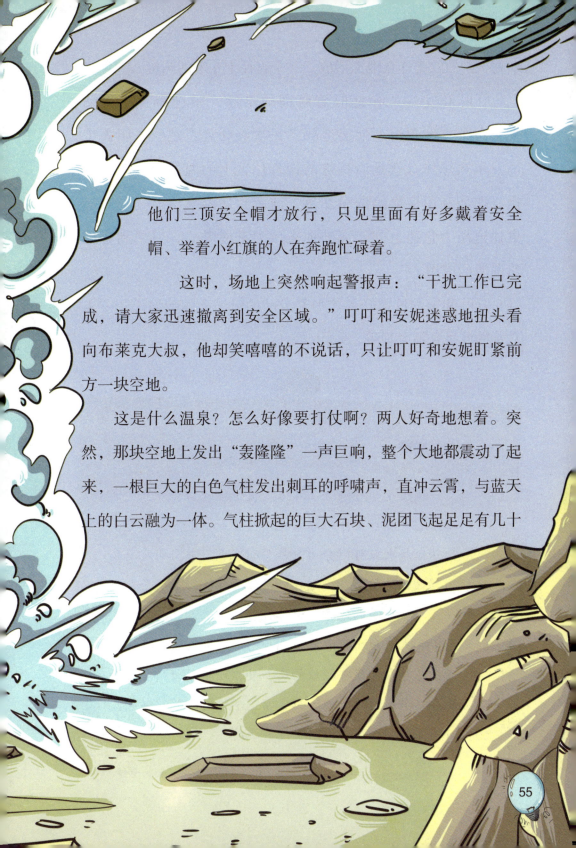

他们三顶安全帽才放行，只见里面有好多戴着安全帽、举着小红旗的人在奔跑忙碌着。

这时，场地上突然响起警报声："干扰工作已完成，请大家迅速撤离到安全区域。"叮叮和安妮迷惑地扭头看向布莱克大叔，他却笑嘻嘻的不说话，只让叮叮和安妮盯紧前方一块空地。

这是什么温泉？怎么好像要打仗啊？两人好奇地想着。突然，那块空地上发出"轰隆隆"一声巨响，整个大地都震动了起来，一根巨大的白色气柱发出刺耳的呼啸声，直冲云霄，与蓝天上的白云融为一体。气柱掀起的巨大石块、泥团飞起足足有几十米高，剧烈的爆炸在地上形成了一个直径十几米的圆坑。

叮叮和安妮死死地盯着眼前的景象，震撼得说不出话来。布莱克大叔得意地笑道："这次够壮观了吧？这叫人工诱发水热爆炸，就是给特殊的地理位置上的温泉进行人工干扰，比如利用熔岩给温泉加热，或者封堵温泉出口，导致温泉通道压力急速上升，突破地表压力形成爆炸，以便利于地热资源的应用。"

叮叮和安妮过了好久才平复激动的情绪，喃喃地说："羊八井的温泉真是太刺激、太壮观了！"

地热

地热是一种清洁、环保、性价比颇高的可再生资源。它主要产生于地球深处一些放射性元素的衰变。地球结构大致可以分为最外层的地壳、中间的地幔和最里面的地核三层，越往外层温度越低。在地壳上较薄或存在缝隙的地方，地热就会以熔岩、温泉、水蒸气等形式表现出来。青藏高原的羊八井地区恰好处于亚欧板块和印度洋板块的交界处，地壳缝隙明显，因此羊八井的地热资源十分丰富，不仅有常见的温泉，还有蒸汽田、沸泉、间歇泉等形式。

第十章

青海湖中的水怪

　　"哇，好漂亮的大湖！"叮叮和安妮齐声惊叹，只见路边无垠的金黄色油菜花中，忽然出现了一大片广阔的碧蓝色，就像一大块彩色玻璃被摆放在青山绿草之间，色彩十分悦目。布莱克大叔笑眯眯地停下了车，讲解道："这可是中国最大的内陆湖泊哦！"

　　"听说湖里还有水怪呢！"两个小家伙迫不及待地跳下车，"这是寻找青海湖水怪的探险之旅！"

　　"水怪呢？"叮叮和安妮站在湖边瞪大眼睛寻找着。突然，叮叮指着远处的一座小岛说："看那里，那座岛上肯定有水怪！"

　　只见那座岛上空，盘旋着黑压压一大片的鸟，叮叮兴奋地说："一定是水怪把鸟吓得飞起来了！"布莱克大叔笑了笑没说话，很快租到了一条小船，带叮叮和安妮向小岛划去。

　　随着小岛的临近，他们看得越发清楚了。岛上住着无数

的鸟类，有的连布莱克大叔都叫不上名字，原来这就是青海湖大名鼎鼎的鸟岛，上面生活着10万只以上的鸟类。因为岛上遍地鸟蛋，因此又叫蛋岛。岛上住的大部分是候鸟，这里环境优美、食物丰富，是鸟类理想的繁殖栖息地。每年春暖花开，候鸟们就从南亚随着印度洋的暖气流，飞越白雪皑皑的喜马拉雅山，来到这里搭窝产卵，孵化幼鸟。一直等到幼鸟长大能够独立生存，才带它们回到南亚。

　　虽然在这里没看到水怪，但看到了这么多鸟，叮叮和安妮还是很兴奋。突然，叮叮站起来大声喊道："水怪在那儿！"

只见离岸不远的地方，一条长达10多米的动物正快速游动着。布莱克大叔也吃了一惊，和叮叮一起加快了速度向怪兽划去。

"是鱼！"安妮一声叫喊，原来那是一大群鱼紧密地围绕在一起，朝同一个方向游去，形成了一个巨大的动物形状。叮叮失望地扔掉了船桨。

"看！"布莱克大叔惊喜地喊了一声，原来他用凉帽从鱼群中捞了一条上来。"咦？"叮叮和安妮好奇地看去，那是一条很像鲤鱼的鱼，但是浑身没有鳞片，原来这是一条裸鲤，是青海湖中唯一有利用价值的鱼类，也是鸟类及其他一些动物主要的食物来源。

由于青海湖含盐量最高可达16克/升，高于海水的9克/升，淡水鱼无法生存。可同时，青海湖碱性又太强，一般的海水鱼也无法生存，裸鲤由于在进化中失去了鳞片，反而能够最大限度地排泄出身体内的盐碱成分，所以成为了最适合青海湖的鱼种之一。由于青海湖海拔高、水温低、含氧量少，所以裸鲤的生长极为缓慢，一条幼鱼大概需要10年左右的时间才能长到500克。

看过了裸鲤，叮叮对水怪彻底失望了，闹着要游泳，布莱克大叔一下没拦住，叮叮扯掉衣服"扑通"一声就跳下了水，嘴里不停地说着："水温温的好舒服，就是太咸了！"逗得安

妮咯咯直笑。这里的水和海水差不多，浮力比淡水大一些，游泳很省力，叮叮做个鬼脸，一个猛子扎了下去，不料突然觉得浑身一阵刺骨的冰冷。叮叮猛地打了个寒颤，急忙浮出水面，哇哇直叫有水怪，布莱克大叔哈哈笑着，一把抓住了他。原来青海湖位于盆地，少风且水流缓慢，湖水较深，所以有着明显的水温分层现象。当光照强烈时，湖面升温较快，然而由于水的导热性较差，因此下层的水温会明显低于上层，温差最高可达到十几度。叮叮爬上船后，再也不敢下去游泳了，布莱克大叔和安妮一阵大笑："我们的叮叮探险家终于探到险了！"

青海湖

青海湖面积约为4500多平方千米，最深处达30多米，是中国最大的内陆湖、咸水湖。融化的冰川和地下泉水构成了最初的青海湖，它也是许多条河流的源头。青海湖资源丰富、土地肥沃、风景优美，是广大旅游家和探险家心目中的圣地。由于独特的风景和3000多米海拔的极限挑战，在青海湖举办的环湖国际公路自行车赛也因此成为一项顶级的国际赛事。

第十一章

柴达木盆地里的新鲜事

　　"到哪儿了？"当叮叮和安妮再次醒来时，天已经亮了。布莱克大叔开着车，头也不回地说道："我们已经到达柴达木盆地了，世界上海拔最高的盆地！"

　　安妮咯咯地笑了："最高的高原上，最低的地方，真好玩！"

　　"是吗？"布莱克大叔笑着停下了车，"那就让你们看看更好玩的东西！"

叮叮和安妮向车前方望去，只见那里静静卧着一个隆起的小丘陵，两个小家伙有点失望，打着哈欠爬了上去。地上布满了白色的碎石子，叮叮胡乱踢着："不就是白石子丘陵嘛，一点都不奇特！"

安妮学着他踢了一脚，随后发出一声尖叫："贝壳！"

叮叮疑惑地低头看去，才发现这个小丘陵居然是由白色的贝壳堆起来的！

叮叮和安妮发疯般地趴在地下，用手拼命挖着，大堆的贝壳发出"哗哗"的声音，除了偶尔夹杂的白色沙土，再也看不到别的东西。那些贝壳最大的直径有3厘米左右，但更多的是1

厘米左右的小贝壳。叮叮和安妮贪婪地抓起大把的贝壳，塞进衣服口袋里："我要带回去给朋友们作礼物！"

随后赶到的布莱克大叔被两个小家伙的举动逗乐了，他笑着解释："最早时，这里是一片汪洋大海，后来因为地质运动，形成了盆地，海水变成了咸水湖，成了贝类动物的天堂，可随着气候变化，湖水越来越少，贝类最后只能密密麻麻拥挤在一条窄窄的河沟里，吸取最后一点水分。大约15万年前，河沟也完全干涸，死掉的贝类就形成了这道贝壳岭。"

"它们好可怜啊！"安妮有点伤感，眼圈都红了。布莱克

大叔连忙说："走啦，下个地方更好玩！"

从贝壳岭往西走不远，地势突然低洼起来，大大小小的湖泊星罗棋布，水道纵横，水上密密麻麻地生长着翠绿的芦苇。只是这里的芦苇不像别处那样连成茂密的一片，反而长得零零散散的，好像被人故意分割成小块儿了。

"你们看！"布莱克大叔边说边解下肩头上的绳子，像牛仔那样挥舞着，猛地甩了出去。绳头的铁钩准确地钩在水里一大丛芦苇上，随后用力一拉，那一大丛三米多宽、五六米长的芦苇居然晃晃悠悠地被拉了过来，就像一条芦苇做的船。

　　"快上来！"布莱克大叔笑着跳上了芦苇船，叮叮和安妮也连忙跳上去，就在两人折断芦苇准备做桨时，安妮突然发出一声尖叫，原来芦苇丛中跳出来一只三四十厘米长的大老鼠！

　　那只大老鼠朝安妮龇着尖利的牙齿，发出吱吱的叫声。安妮拼命一躲，险些掉到水里，手疾眼快的布莱克大叔一把抓住了她。叮叮勇敢地用手里的芦苇向大老鼠打去，愤怒的大老鼠一口咬住芦苇，叮叮拽了两下，它也不松口。叮叮灵机一动，用力把手里的芦苇戳向水中，得意地说道："淹死你！"不料，那只大老鼠毫不怕水，像鱼一样在水里翻了一个水花，迅速游走了。

叮叮和安妮看着游远的大老鼠，吃惊得说不出话来。布莱克大叔哈哈大笑说："不怪它生气，是咱们扰乱了它的家！"

原来这是柴达木特有的一种水老鼠，它们专吃芦苇的根。芦苇的根系非常发达，在水下缠在一起，形成了芦苇丛。这种水老鼠吃芦苇根时总顺着一个方向咬，于是大片的芦苇丛被它们分割开来，就形成了一个个船形的小芦苇丛。

听完布莱克大叔的解释，叮叮和安妮一起向水老鼠挥了挥手："谢谢水老鼠先生给我们做的芦苇船！"

盆地

盆地是指四周高、中间低、像盆子形状的地形。由于四周高地的阻挡，空气对流作用不明显，盆地气候一般都比较稳定，干旱少雨。但也有一些盆地的边缘存在豁口，形成风道，暖湿气流可以自由进入，使盆地内四季如春，这样的盆地非常适合植物生长，是难得的农业种植地。位于青藏高原北部的柴达木盆地是世界上海拔最高的盆地。那里高寒缺氧、干旱多风、环境恶劣、土壤沙化严重，大部分面积不适合人类居住。

第十二章

恐怖的魔鬼城

汽车行进在无边的柴达木盆地中，四下只有茫茫的白沙和碎石子。就在两个小家伙觉得无聊时，一大片黑压压的东西从单调的地平线上冒了出来。

"那是什么？"安妮吃惊地问。

"那是魔鬼城啊！"布莱克大叔笑嘻嘻地回答。

远远看去，那真是一大片荒凉的城堡，有高高的城墙，破败的塔楼，还有快要倒塌的建筑。叮叮一下来了精神："一定是魔鬼的入侵让这座城堡衰败了吧，那些魔鬼还在里面吗？"

　　车很快开到了魔鬼城前，一阵风吹过，城里发出一阵呜呜的声音，像是有战马嘶鸣，又像是有人在哭泣。叮叮兴奋地说道："魔鬼果然还在里面！"

　　安妮吓得紧紧抓住叮叮的手，叮叮掏出一个指南针递给安妮："你负责看方向。"随后又掏出一把小刀大声说道："探险家什么都不怕！"

　　可安妮又是一声惊叫——原来细心的她发现指南针的指针居

然可以停在不同的方向！叮叮好奇地接过指南针摇了摇，发现果然失灵了，他有点犹豫地说："难道是魔鬼在捣乱？"安妮鼓足勇气说："不要怕它，继续探险吧，我们可以用太阳来确定方向。"

布莱克大叔赞许地点点头，说："我要在这里测量些数据，你们往前面走吧，不要走太远，怕迷路可以做路标哦！"

得到布莱克大叔的鼓励，两个小家伙勇敢地走进了魔鬼城。勇敢的叮叮警惕地四下查看着，细心的安妮则按布莱克大叔教的那样，在每个路口都用石子摆设指示方向的路标。魔鬼

城里安静极了，找不到任何人类居住的痕迹。四处只有嶙峋的怪石和错综复杂的小路。

突然一阵风吹来，在离他们很近的地方发出呜呜的声音。叮叮和安妮这次没害怕，他们手拉着手，大胆地向发出声音的地方走去。走到一块有着巨大凹洞的石头附近时，风停了，声音也没有了。叮叮和安妮仔细地观察着这块石头，却没有发现任何可疑的地方。这时，又一阵风吹过来，呜呜的声音又出现了。他们仔细辨别着声音，当两人靠近石头上的凹洞时，声音一下子变小了；离开后，声音又变大了。两个小家伙恍然大悟：这可怕的呜呜声原来是风吹进凹

洞发出的声音，就像人在吹口哨一样！

　　破解了这个谜团，叮叮和安妮的胆子顿时大了起来，他们学着布莱克大叔的样子，敲打着一块石头，发现它是由沙子和土构成的，非常松软。细心的安妮还找到了一块赤铁矿石，看着安妮手里的矿石，叮叮突然冒出一个大胆的想法，他掏出指南针轻轻靠近矿石，指针果然轻轻动了一下！原来指南针失灵是它搞的鬼！叮叮和安妮激动地大声喊着："根本没有魔鬼！"他们迫不及待地要把这个消息告诉布莱克大叔。

按照路标的指示，叮叮和安妮很快走出了魔鬼城。布莱克大叔了解了他们的发现后十分高兴，他拉着两个小家伙坐在地上，说道："你们说得非常对，魔鬼城不是城，也没有鬼，这只是一种雅丹地貌，是由风吹蚀而成的。因为这里看起来像一座城堡，非常容易迷路，而且风吹石头总发出呜呜的声音，听起来很可怕，所以人们才给它起名叫'魔鬼城'。"说完，他用力搂了搂两个小家伙，"好了，你们已经是非常合格的探险家了！"

雅丹地貌

"雅丹"一词来源于维吾尔语，意为"陡峭的土坡"。雅丹地貌一般产生于松软岩土层，这种岩土层一般是由湖底的沉降物沉积多年造成的，当湖水干涸时，岩土层的表面会产生巨大的裂隙，在干旱多风的地区，风会沿着这些裂隙吹动，一些松落的沙石在裂隙中滚动，会加剧对裂隙壁的摩擦，使裂隙变得越来越深、越来越大。久而久之，纵横的裂隙将岩土层割裂开来，宽大的裂隙底部成了平整的地面，被风侵蚀成各种形状的岩土层反而成了耸立在地面上的怪石。

第十三章

喜欢打家劫舍的艾鼬

　　三人一路行进，来到一处草地前。"这里的草地真漂亮！"叮叮和安妮感叹道。这里的草地光洁平整，和刚才路上那些被老鼠啃得七零八落的草地形成了鲜明的对比。

　　布莱克大叔不断踢着草地上的石块，像是在寻找什么。突

然，他惊喜地蹲在地上，指着一个土洞高兴地喊道："快来看！"叮叮和安妮连忙凑过去，只见洞里整整齐齐地趴着一排老鼠。安妮吓得尖叫了一声，叮叮则好奇地问："这是高原上的魔法吗？"

这时，不远处突然传来一阵"吱吱"的叫声，布莱克大叔兴奋地招呼叮叮和安妮："快，有好戏看了！"

三个人蹑手蹑脚地走向声音传来的地方，只见一只有点像兔子的动物堵着一个土洞，另外一只比它小一半的动物，身材细长，正灵活地上蹿下跳。

布莱克大叔轻声介绍："大的那只是喜马拉雅旱獭，围着它跳的那只是艾鼬，刚才洞里那些老鼠就是艾鼬放进去的。"

只见艾鼬一次次扑向旱獭，可旱獭比艾鼬大太多了，它挥一挥锋利的爪子，就把艾鼬挡开了。

可艾鼬毫不退缩，敏捷地跳跃着，趁旱獭不备就咬它一口，然后又猛地跳开。旱獭好像怕了艾鼬，它一边挥舞着爪子，一边退回了洞里。可小个子的艾鼬看到对方认输却仍不罢手，凶猛地追进了洞里。只听洞里传来一阵剧烈的撕咬声，旱獭又跑了出来，艾鼬在后面穷追不舍，狠狠咬在了旱獭胖

胖的屁股上。

　　旱獭发火了，它转过头，龇着牙发出"嘎嘎"的叫声，并且疯狂地扑向艾鼬。可艾鼬像松鼠一样灵活，轻盈地一跳就躲开了。狂怒的旱獭又一次扑向艾鼬，这次，它成功地把艾鼬压在了身下。就当叮叮和安妮为艾鼬担心的时候，奇怪的事情发生了：只见艾鼬高高地把尾巴翘起来，屁股后面喷出一股白烟，准确地喷在旱獭脸上，旱獭惨叫一声，像喝醉了一样，跟跟跄跄走了几步，就一头栽在地上。

艾鼬不慌不忙地走过去，狠狠咬住了旱獭的喉咙……

安妮闭上眼睛，不敢看这残忍的画面，却突然闻到一股强烈的臭味。她好奇地睁开眼四下寻找，发现叮叮也被熏得皱着眉，他俩同时明白了：这就是艾鼬放的那个屁的味道！

艾鼬似乎被惊吓到了，它警惕地四下张望，拖着旱獭跑回了洞里。

叮叮满意地说道："旱獭真活该，不让艾鼬回家，这下变成人家的食物了。"

布莱克大叔笑着插嘴道："叮叮你错了，那是旱獭的家，是艾鼬咬死了旱獭，还抢了人家的家。"

"啊，它怎么这么不讲理啊？"安妮才说完，艾鼬"嗖"地一声又从洞里钻了出来，飞快地扑向一处草丛，从里面赶出一只土黄色的大老鼠来。

叮叮吃惊地说道："才吃完又要抓老鼠？"老鼠尖声叫着想逃走，可艾鼬灵巧地一跳，就挡在它前面。老鼠朝哪边逃，艾鼬就用爪子把它打回来。不一会儿，老鼠累了，可艾鼬用爪

子捅一捅它，让它接着跑，老鼠很快就彻底放弃了抵抗，无论艾鼬怎么逗它都不动了，艾鼬觉得没意思，就回洞里去了。

安妮皱着眉头说："这艾鼬真坏！"

布莱克大叔笑着说："你错啦，旱獭和老鼠都是吃草根的，路上破破烂烂的草地就是被它们啃的，只有住着艾鼬的地方才有漂亮的草地。"

叮叮和安妮调皮地说道："原来这个喜欢打家劫舍的'土匪'还是草地的保护神啊！"

艾鼬

艾鼬又名艾虎，俗名臭狗子，生活在开阔的丘陵或草原地区。艾鼬敏捷灵活，本领高强，可以爬树、攀岩、打洞和游泳，是动物界的"全能冠军"。艾鼬居无定所，喜欢独来独往，主要以鼠类、旱獭等小型啮齿类动物为食。艾鼬从不自己挖建洞穴，每到一处新地方，它就杀死那里的旱獭或鼠类，抢占它们的洞穴作为自己的新家，而且艾鼬非常执着认真，它会以自己的家为中心划定势力范围，将其中所有的老鼠、旱獭消灭干净。

第十四章
没见过爸爸的藏羚羊

公路在平坦的沙地上高高隆起，下面修建了几个桥洞。

"这里怎么会有桥？"叮叮和安妮好奇地问道。

"那是给动物通过所留的通道，防止它们过公路时被车撞到。"话一说完，布莱克大叔突然停下了车，激动地指着远方

说："看，藏羚羊要过桥洞了！"

只见远远的地平线上，一群灵巧的精灵轻捷地跳跃着接近公路，它们对长长的公路有些恐惧，几只强壮的藏羚羊试探着走近公路，小心翼翼地观察着。布莱克大叔小声地告诉叮叮和安妮，那些是公羚羊，它们都长着剑一样锋利的角，勇敢善战，即使遇到野狼也不畏惧，它们永远奔跑在藏羚羊群的最外侧，保护没有角的母藏羚羊和小藏羚羊。

那几只探路的藏羚羊很快发现了从桥洞可以安全地通过马路，它们试探着走了过去，回头张望着，羊群看到没有危险，潮水一样涌了过去。它们奔跑的姿势非常优美，修长的四腿一

蹬，身体就舒展地弹向前方，像贴着地面飞行一样。有的藏羚羊调皮，在羊群中高高跳起，越过同伴的身体又轻飘飘地落在地上，随着拥挤的羊群穿过了桥洞；有几只藏羚羊胆子太小，跑到桥洞前猛地站住了，不敢通过。很快就有别的藏羚羊跑回来，用头轻轻地磨蹭着它们，鼓励它们，带着它们走。

不一会儿，所有的藏羚羊都穿过了桥洞，叮叮和安妮兴奋地拍起手来，布莱克大叔却皱着眉头低声说道："糟了，好像出了点状况。"

原来他看到有一只藏羚羊穿过桥洞后，突然跪在地上，挣

扎着似乎站不起来。

　　"我们去看看吧！"布莱克大叔带着叮叮和安妮跑了过去，发现藏羚羊有一只腿陷在地里。布莱克大叔小心地拨开表面的沙土，只见那里埋着一圈削尖的树枝，尖儿朝中心倾斜着，有点像漏斗，藏羚羊的腿一旦踩进去，那些尖刺就会扎进皮肉里卡住它。

　　"这是一个陷阱！"布莱克大叔迅速地拆掉了那些树枝，救出了藏羚羊。可被救的藏羚羊没有逃走，又跪倒在地上，浑身哆嗦着，身下不断淌出血水。

安妮担心地问："它伤得很重吗？"布莱克大叔缓缓摇了摇头："它是要生小羊了。"果然，不一会儿工夫，一只毛茸茸的小家伙浑身冒着热气出现在大家面前。一落地，它就东倒西歪地要站起来，藏羚羊妈妈则亲昵地舔着它湿漉漉的皮毛。

终于，小藏羚羊在妈妈的帮助下顽强地站了起来，很新奇地四处张望着。叮叮试着拿了块奶糖递给它，它吃得津津有味，吃完又舔舔叮叮的手，似乎还想再要一块。安妮咯咯地笑着："它把你当爸爸了！"

"事实上，很少有藏羚羊能见到爸爸。"布莱克大叔叹了

一口气，"藏羚羊的生活习性比较独特，它们每年集中到固定的地方，公羊通过决斗的方式来争夺母羊。母羊一旦怀孕就会结成群体，长途跋涉到产羔地哺育小羊，等第二年再带小羊返回。而大部分公羊会留在原地或结成新的群体到别处去，只有少数公羊会自愿地跟随母羊队伍，一路保卫它们，可这些公羊却往往不是小羊们的爸爸。"

"别担心，"叮叮同情地抚摸着小藏羚羊的脑袋说，"我给你当爸爸！"

"放下我们的羊！"两个小青年大声喊着，飞快地跑了过来。

"小心，他们是挖陷阱的人！"布莱克大叔英勇地冲上去，

与其中一个小青年搏斗在一起，另一个则冲着叮叮和安妮走来。

　　"这是高原的羊，不是你的！"叮叮勇敢地挡在了两只藏羚羊前，那个小青年不耐烦地一把抓住叮叮的衣领，想把他扯开，安妮扑上去牢牢抱住了小青年的腿，叮叮趁机一口咬在他的手上，小青年惨叫一声便松开了手。他愤怒地掏出一把明晃晃的小刀吓唬叮叮，叮叮瞪大了眼睛毫不退缩。这时突然传来一声枪响，一辆警车飞驰而来，两个小青年吓得蹲在地上再也不敢动了。

在简单询问了情况后，一名警察指了指远处："为了保护藏羚羊，这里安装了大量的摄像头，我们发现情况就赶过来了，你们真是太勇敢了！"

警车上，一名医生为两只藏羚羊做了检查："它们都很健康，很快就可以追上队伍！"两只藏羚羊好像听懂了似的，它们感谢地看了看大家，又蹦蹦跳跳地朝着远方出发了。

叮叮恋恋不舍地挥着手："小羚羊，记得回来看爸爸！"

藏羚羊

　　藏羚羊是青藏高原所独有的一种动物，被称为"高原精灵"，生活在海拔3250~5500米的高原上，这里被称作"生命禁区"。藏羚羊以这里的植物——苔藓、茅草等为食。藏羚羊敏捷机智，奔跑时最高时速可以达到80千米。由于生活环境特殊，因此在自然界很少有动物能伤害到它们。唯一威胁它们生存的就是人类，由于藏羚羊的底毛非常柔软，保温性能极佳，因此被誉为"羊绒之王"。为了采绒，藏羚羊一度被猎杀至灭绝的边缘。

第十五章

邂逅的高原"清洁工"

"看，一头死牛！"路上，精力充沛的叮叮又发现了"新大陆"。远远的草地上果然有一头死去的野牛，尸体的上方正盘旋着几只乌鸦。布莱克大叔若有所思地看了看天空，停下了车："也许有'大人物'要出场了呢！"

　　叮叮和安妮望向天空，有只大鸟在高空慢慢地滑翔着，翅膀伸展着，翅膀尖上的羽毛像人的手指一样张开，要不是它偶尔拍动一下翅膀，肯定会被误认为是一只风筝。

　　布莱克大叔解释道："秃鹫和这些乌鸦一样，对死亡的气息非常敏感，可以感觉到动物即将死亡，而且它很有耐心，会花上两三天的时间来确认一只动物是否死亡。它先是在高空盘旋，观察这只动物是否活动，然后降低高度，看对方是否眨眼、是否还有呼吸，最后还要走近它进行试探，确认对方真正死亡后，才会扑上去尽情享用对方的尸体。"

　　正说着，秃鹫真的降落下来了。它可真丑啊！从脑袋到脖子的毛都短短的，和身上的羽毛比起来就好像秃顶一样，可它脖子下方又有一圈羽毛，长长的、硬硬的，垂在胸前，好像小孩的围嘴。这是秃鹫长期进化的结果：秃鹫总是先啄破尸体的肚皮，把脑袋伸进去啄食内脏，短短的羽毛可以防止在缩回脖子时被卡住，而胸前长长的硬羽毛则可以起到围嘴的作用，可以挡住血水之类的污垢粘住身上的羽毛。

秃鹫落在地上，并不急于靠近那头死牛，而是伸长脖子围着它转圈，嘴里还不停发出"咕噜咕噜"的声音。看到死牛没有反应后，它迅速地靠近，轻轻地啄了一口，又猛地跳开，防止对方是装死哄骗自己靠近。反复试探了好几次后，它终于放心了，一下子扑上去，狼吞虎咽起来。刚才落在死牛上的几

只乌鸦不高兴了，纷纷用翅膀拍打秃鹫，秃鹫只顾埋头大吃，毫不反抗，只是本来蓝灰色的脖子开始变得发红，像要冒出血来一样。这是一种恐吓，表示它要独占这头死牛，不许别人靠近。看到秃鹫生气，乌鸦们害怕了，不敢继续捣乱，只好离得远远的，偶尔嘎嘎叫上一声，以示反抗。

　　这时，又有一只巨大的秃鹫拍着翅膀落在死牛旁边，先到的秃鹫愤怒地抬起头，拍打着翅膀，亮出自己血红色的脖颈。可后到的秃鹫也毫不示弱地拍打着翅膀，脖子变得更红、更粗大。先到的秃鹫发现对手比自己更强壮，一下泄了气，"咕噜咕噜"叫了两声，慢慢低下了头，脖子也渐渐地变回了蓝灰

色，表示认输，不再和对方争食，后到的那只秃鹫这才满意地收起翅膀，独自享用起死牛来。先到的秃鹫只好和那些乌鸦站在一起，默默地抗议着。

秃鹫的吃相很难看，它先用锋利的爪子牢牢蹬住死牛，用带钩的锋利嘴巴一咬，然后拼命扭动着粗粗的脖子，直到扯下一块肉来。它也不看肉上是否带着毛皮骨头，一仰脖子就吞到肚子里。

安妮恶心地说道："它可真邋遢！"

布莱克大叔呵呵地笑了："秃鹫可是高原上出名的'清洁工'，它们只吃死去的动物尸体，就算高度腐烂它们也不嫌脏。假如没有它们，那些动物的尸体就会腐烂，散发恶臭，甚至会污染水源和土壤，传播疾病。"

叮叮和安妮这才明白，秃鹫是牺牲自己的洁净换来了卫生的环境，他们顿时觉得秃鹫一点儿也不邋遢了。

秃鹫

秃鹫俗称座山雕、狗头雕，是高原上体格最大的猛禽，翅膀展开长度能达到2米以上。秃鹫是世界上拍打翅膀频率最慢的鸟，同时也是世界上飞行高度最高的鸟类之一。秃鹫是一种食腐动物，很少主动攻击活体动物，它可以把尸体连皮带骨头吃掉。秃鹫死后，尸体马上会被其他秃鹫吃掉，人们很难见到秃鹫的尸体。所以在很多地方，人们都认为秃鹫是神圣的鸟类，它可以把死去的生命带到天空，甚至传说秃鹫在生命的尽头会展翅飞向天空，融入到太阳的光辉里。

第十六章
会产蜜糖的骆驼刺

　　"快停车！"叮叮狼狈地喊道。布莱克大叔和安妮一起大笑起来。

　　原来叮叮昨晚嘴馋，吃得太撑了，结果今天一路闹肚子。他手忙脚乱地跳下车，跑到一丛稀疏的灌木后蹲下。接连发出

几声惨叫后，叮叮终于走了出来："这是什么树？扎死我了！"

布莱克大叔哈哈大笑着说："它叫骆驼刺，除了骆驼，没人敢惹它！"

叮叮和安妮都被这个有趣的名字吸引住了，他们仔细观察这株奇怪的植物，只见它有三四十厘米高，从根部就分成柳枝一样细细的枝条，上面密密麻麻长满了长长的尖刺，在尖刺的缝隙中，是一些椭圆形的小绿叶。

叮叮和安妮想摘一片小绿叶当标本，可好几次伸出的手都被刺了回来，原来那些刺要比叶子长一倍以上，而且顺着枝条稍稍向外倾斜、张开，把叶子护得严严实实的。

叮叮和安妮好奇地问："为什么骆驼不怕它呢？"

"骆驼的口腔很深，它先张开嘴把骆驼刺的枝条含在嘴里，"布莱克大叔用手轻轻抓住一根骆驼刺，给两个小家伙做着示范，"因为枝条上的刺都是向外倾斜的，所以当骆驼用嘴沿着枝条的根部向上慢慢捋时，刺就被压倒在枝条上，不会扎伤骆驼的嘴，而且骆驼的嘴唇非常坚韧有力，可以把刺中间的叶子蹭下来吃到嘴里。"

叮叮和安妮学了一下布莱克大叔的动作，那些刺果然被压倒不扎手了。他们采到了很多完整的叶子，安妮还采到了几个红褐色的小豆荚。她欣喜地给布莱克大叔看，布莱克大叔轻轻捻出豆荚里几粒干瘪的小豆子："这是骆驼刺的种子，由于

骆驼刺的生活环境非常恶劣，所以它的豆荚长得非常结实，不会轻易掉落，只有当有动物路过或刮起大风的时候，才会掉下来，跟随动物或风到远远的地方扎根。

很快叮叮也有了自己的新发现：在骆驼刺的枝条上有一些透明的浅黄色晶体，很像蜜糖，叮叮轻轻抠下一点，放在舌头上品尝，果然甜丝丝的！他兴奋地大喊起来，原来骆驼刺上是有蜜的！安妮好奇地凑过去看："它还没开花，而且就算有蜜，也该在蜂窝里啊，怎么会在枝条上？"

布莱克大叔对安妮的细心感到很满意，他笑着解释道：

"骆驼刺的汁液里含有大量的糖分，每当刮风时，枝条上的尖刺就会划破叶子和枝条的表皮，使汁液渗漏出来，经风干脱水，一点点累积起来，就成为现在的样子，古代人们管这种糖叫"刺蜜"，非常可口，据说还能治疗头痛、腹泻呢！"

"腹泻？"叮叮突然来了精神，"我现在不就腹泻吗？"他立刻蹲下，使劲抠起骆驼刺枝条上的蜜糖来，安妮也热心地帮忙。馋嘴的叮叮最后干脆学起骆驼，用嘴咬住枝条的下部，轻轻往外捋。

布莱克大叔被逗得哈哈大笑，他从汽车上找出一大块干

净的白布，铺在骆驼刺底下，然后用一根棍子用力地抽打骆驼刺的枝条，枝条上的蜜糖就像雪花一样纷纷落下来，掉在白布上。

抽完了一棵骆驼刺，布莱克大叔又换了一棵继续抽打，不一会儿，白布上就铺了薄薄一层蜜糖，拢到一起捏啊捏啊，就成了透明的一块。叮叮和安妮这才明白：原来布莱克大叔早就准备好给他们采集刺蜜吃了。

叮叮和安妮轻轻地咬着刺蜜，心想："骆驼刺居然能在这么恶劣的环境下生存，而且还能产出好吃的蜜糖，真是太厉害了！"

骆驼刺

骆驼刺是内陆干旱地区特有的一种灌木。它的叶子窄小，植株低矮，可以有效避免水分的蒸发，同时它的根系非常发达，最深可以扎入地下20米，在多雨季节一次吸饱水分就可以存活一年，因此极度耐旱。骆驼刺的枝条坚韧，还有长长的针刺保护叶片，不怕风沙，而且骆驼刺耐盐碱能力很强，所以它是一种非常理想的固沙开荒植物。骆驼刺的枝条不仅可以做燃料，同时也是很方便的建筑材料，尤其是上面布满尖刺，可用以搭建篱笆，防止野兽入侵。

第 十 七 章

举世无双的万丈盐桥

　　"你说盐要是被吃光了可怎么办啊？"车上的叮叮刚睡醒就又突发奇想了。

　　"你们朝车外看看，知道我们在哪里吗？"布莱克大叔突然爆发出一阵大笑，"这里除了天，到处都是盐！"

　　叮叮和安妮疑惑地向车窗外望去，只见外面有嶙峋的怪石，有清澈的湖水，还有笔直的大路，但就是看不到布莱克大叔说的盐。

　　"好了，下来玩一会儿吧！"布莱克大叔停下了车。叮叮和安妮感觉就像到了一个外星世界，这里是一片黄褐色的大地，像刚刚耕作过的田地，又像一片片鱼鳞，辽阔得望不到边际。地面上大大小小的湖星罗棋布，有褐色的，有浅蓝色的，有浅绿色的，每个湖都镶着一道道美丽的白边，湖里耸立着各种奇怪的石头，有的像蘑菇，有的像荷叶，有的像大海里的珊瑚。

　　"这里是地球吗？"叮叮迟疑地问道。布莱克大叔又是一阵大笑："当然是，这就是著名的察尔汗盐湖，这里的一切都是由盐构成的，够全世界的人吃1000多年！"

　　叮叮和安妮吃惊极了，他们四处查看了起来。果然，水是咸的，石头也是咸的，连脚下的土都是咸的。

　　布莱克大叔细心地解释道："这叫喀斯特地貌，在亿万年前，察尔汗盐湖原本是汪洋大海，由于地壳运动，青藏高原隆起，这里变成了盆地，盆地里剩余的海水不断蒸发，最后剩

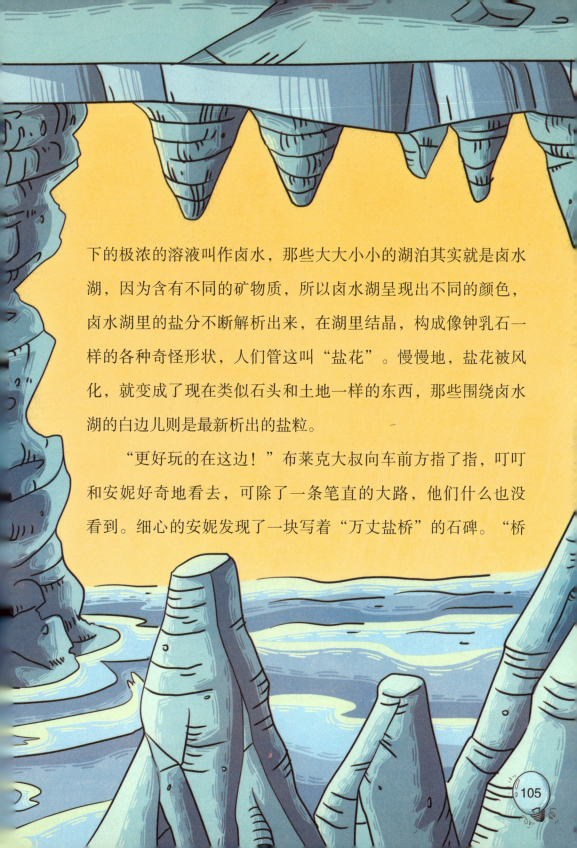

下的极浓的溶液叫作卤水，那些大大小小的湖泊其实就是卤水湖，因为含有不同的矿物质，所以卤水湖呈现出不同的颜色，卤水湖里的盐分不断解析出来，在湖里结晶，构成像钟乳石一样的各种奇怪形状，人们管这叫"盐花"。慢慢地，盐花被风化，就变成了现在类似石头和土地一样的东西，那些围绕卤水湖的白边儿则是最新析出的盐粒。

"更好玩的在这边！"布莱克大叔向车前方指了指，叮叮和安妮好奇地看去，可除了一条笔直的大路，他们什么也没看到。细心的安妮发现了一块写着"万丈盐桥"的石碑。"桥

在哪儿呢？"她好奇地问。布莱克大叔指了指大路："这就是啊！"

两个小家伙怀疑地走过去，踩了踩，又摸了摸，叮叮甚至尝了一下："真是用盐修的呢！可根本没水啊，这应该叫盐路！"

布莱克大叔从车上拿了一根长长的钢钎，然后带着叮叮和安妮来到路边一个大坑，用钢钎戳了几下，"咂"的一声，地面出现了一个窟窿，窟窿里冒出水来，叮叮和安妮吃惊地张大了嘴巴。

"这下面是一个巨大的卤水湖呢！"布莱克大叔又用钢钎

搅了几下。水很深，长长的钢钎根本触不到底，"卤水析出的盐分浮在水面，板结在一起，就形成了一个结实的盐盖。聪明的工人把盐盖厚厚地摞在一起，压实，修成了一条浮在水面上的路，你们说这算不算桥呢？"

"原来是这样！"叮叮自言自语着，他用力跳了几下，窟窿里的水面跟着颤动起来，安妮顿时吓得尖叫起来。布莱克大叔哈哈大笑着说："不用怕，这座盐桥结实得很，有十几米厚呢，别说叮叮，就是汽车、火车都压不坏它！"

布莱克大叔才说完，就有一辆汽车开上盐桥，慢慢向前驶去。布莱克大叔兴奋地说道："这是修桥的车辆，肯定是路坏了，咱们跟过去看看吧！"

没铺路机，怎么修路呢？叮叮和安妮半信半疑，只见工人们不慌不忙地走到桥边，用钢钎掀起了几块巨大的盐盖，抬到桥上一个大坑里，砸碎拍平，又用车上的抽水机从桥边一个大坑里抽了些浓浓的卤水浇到里面，就又朝前走了。

"这就修好了？"叮叮和安妮吃惊地走到跟前，大坑已经看不到了，路面又重新变得平整起来。叮叮用手摸了一下地

面，很湿，还有点软。

"明天就和石头一样硬了。"布莱克大叔走过来，指着刚才工人们抽水的大坑，这些坑是专门挖出来供修路用的，里面的卤水都是饱和状态的，盐盖只会变软，而不会溶化，变软的盐盖马上又会重新板结起来，变成坚硬的路面。养路工人平常也会经常抽取大坑里的卤水，洒到路面上作为养护，使路面变得光滑平整。

"这真是世界上最奇特的桥！"安妮由衷地赞叹着。"一定也是世界上最好养护的桥。"叮叮接口说道。三个人一起大笑起来。

盐湖

盐湖是一种咸化水体，通常是指湖水含盐度大于3.5%的湖泊。它的来源既有远古因地质运动而分离出来的海洋，也有因水体不断蒸发浓缩而成的自然湖泊。完全干枯、只剩下矿物盐分的干盐湖也是盐湖的一种。盐湖矿种丰富、储量巨大，而且易于开采，是非常理想的矿源。以前由于技术落后，主要靠从盐湖中开采出易于提炼的食盐、天然碱、硼砂等，但随着科学技术的不断进步，盐湖中可以被开采利用的宝贵资源越来越多，毫不夸张地说，盐湖已经成为一个巨大的聚宝盆。

第十八章

神奇的冬虫夏草

　　"好了，休息一会儿吧！"布莱克大叔笑着提醒两个气喘吁吁的小家伙。这里海拔将近4000米，人的心肺功能比在平原时减弱了将近一半，因此特别容易感到疲劳。

　　"可我还没找到有8个花瓣的格桑花呢！"安妮倔强地说

着，但还是坐在了草地上。高原上有一个传说：只要找到了有8个花瓣的格桑花就可以得到幸福。其实格桑花并不是某一种花，它是高原人民对一些美丽野花的统称。

"看我找到了什么？"叮叮兴奋地大声叫嚷着，他跪在地上，屁股撅得高高的。

"8瓣的格桑花？"安妮有些嫉妒地问。

"是棒球草！"叮叮胡乱起着名字，安妮凑过去一看，果然地上长着一根小小的嫩芽，下面是细细的杆儿，上端粗大些，的确非常像一根棒球棍。

"这是探险家叮叮的伟大发现，"叮叮一边得意地说着，

一边从裤兜里掏出小刀，开始仔细地挖掘，"我要带回家给同学们看！"小草很快被挖出来了，出人意料的是，这株草的根茎很粗，但没有平常小草那种像毛毛一样的须根，叮叮好奇地轻轻拨开泥土，想仔细看看根的形状，却突然惊叫一声，把小草扔在了地下，"这不是草，是一条虫子！"

安妮尖叫一声，跳起来躲得远远的。叮叮拍拍胸脯壮起胆子，又捡起地上的虫子，拿在手里仔细地观察——那是一条很像蚕的虫子，有三四厘米长，颜色有些暗褐，身上有一圈圈的环纹，腹部还长着8对脚，头部长着一根嫩芽，就是刚才叮叮和安妮所看到的"棒球棍"。叮叮又仔细擦了擦虫子头上的泥

土，吃惊地发现这条虫子居然长着一双火红色的眼睛！

　　叮叮轻轻摸了下虫子头上的嫩芽，凭感觉，那肯定是一种植物，安妮也鼓足勇气上前看：嫩芽的确是从虫子的脑袋里长出来的，而不是通过别的方法连接上去的。

　　"这一定是外星入侵地球的生物！"叮叮又开始乱猜，把布莱克大叔逗得哈哈大笑。他接过叮叮手里的东西解释道："这是高原特有的一种珍贵药材，它的名字叫冬虫夏草。"

　　"那它到底是虫还是草？"叮叮着急地问。

　　"难道它真的冬天是虫子、夏天是草？"安妮也很好奇。

　　"这叫共生体，是由动物和真菌共同构成的，其实就是在虫子的身上长出了一根植物样的东西。"布莱克大叔认真地看着手里的冬虫夏草，耐心地解释着，"这条虫子是一种叫蝙蝠蛾的蛾类幼虫，而这个像植物的嫩芽呢，则是一种虫草真菌。成年蝙蝠蛾到了繁殖期会把卵产在泥土里，经过一段时间，卵孵化成幼虫，幼虫到了一定大小会从泥土深处慢慢向地表钻。而这时恰恰也是虫草真菌成熟的时候，它会撒播一种叫作孢子的种子。孢子随雨水渗到土壤里，当幼虫爬成头朝上的垂直姿势时，如果碰到这种孢子，就会被感染，真菌在幼虫体内慢慢滋生，吸取虫子身体里的养分，菌丝最后布满了整个幼虫，幼虫就会被杀死。随着天气变暖，虫草真菌会从虫子头部长出

一根植物一样的东西，叫真菌子座，也就是虫子头上的这根嫩芽。嫩芽上面变粗的部分叫子囊，里面装的就是它的种子——孢子，等子座完全成熟时，孢子就传播出去，寻找新的蝙蝠蛾幼虫，展开一轮新的生命轮回。"

"太神奇了！"叮叮和安妮听得入了迷。布莱克大叔笑着告诉他们，冬虫夏草一般不会单独生长，附近肯定还有。果然，叮叮和安妮又找到了好几株，他们满足地说："这些就留给别的探险家吧！"

真菌

真菌是一种常见的生物，我们常见的蘑菇就属于真菌的一种。以前科学家们曾认为真菌是植物的一种，但现在已经把真菌定义为和动物、植物并列的一种生物，它既不像植物通过光合作用生成养分，也不像动物通过摄食消化来补充营养，而是直接从动物、植物及其他一些有营养的物质上吸收养分，属于异养生物。冬虫夏草的真菌和蝙蝠蛾幼虫生长在一起，其实只是寄生在幼虫上吸取养分。

第十九章
可爱的雪兔子

　　"好了，我们已经到达雪线了，现在该下山了！"布莱克大叔果断地命令道。在海拔比较高的山上，常年覆盖着积雪，由于海拔越低，气温越高，因此在山体的某一高度，会形成积雪融化与结冰的分界线，皑皑的白雪在这里划出一道整齐的边界。雪线的高低与当地气温以及地理位置有关，并不是一成不

变的。对登山者来说，雪线是一个危险的边界，一旦越过就意味着必须有丰富的经验和专业的设备。

叮叮和安妮恋恋不舍地摸了一把眼前的冰雪，正准备返回，突然一阵风吹过，眼尖的叮叮大声喊道："看啊，那里有只兔子！"

布莱克大叔微笑着摇了摇头："叮叮，这么高的海拔是不可能有兔子的。"可安妮也着急地说道："我也看见了，是一只雪白的兔子，就在那里呢！"

布莱克大叔顺着安妮指的方向看去：在一处悬崖附近真

的有一只毛茸茸的东西，像一只白色的兔子卧在雪地里。布莱克大叔叮嘱叮叮和安妮不要乱动，自己抓起安全绳索慢慢地爬了过去。

一阵风吹来，那只雪白的兔子好像动了，叮叮和安妮一起大喊："布莱克大叔，别让它跑了！"布莱克大叔做了一个"ok"的手势，很快爬到它跟前，把它抓了起来，塞进怀里，又稳稳地爬了回来。

"布莱克大叔真厉害！"叮叮和安妮兴奋地尖叫着。只见布莱克大叔从怀里掏出一个毛茸茸的东西，但却不是兔子，是一株长着白色绒毛的植物，风一吹过，白色的绒毛轻轻摆动着，的确像动物的毛皮一样。

"这叫雪兔子。"布莱克大叔笑着说。

布莱克大叔把那株植物举起来，让他们好好观察：它有点像菜花，下面长着几片绿色的叶子，中间是一个圆乎乎的球，上面长着长长的棉毛，非常像一只胖胖的白兔，整株植物通体散发着好闻的香味。

"它一般生长在陡峭的山崖附近，本身长得就像兔子，风吹来时又容易给人造成跑动的错觉，所以人们就管它叫'雪兔子'。"

　　"那它会被冻死吗？"叮叮和安妮好奇地问。

　　布莱克大叔把雪兔子放在叮叮和安妮的手上，说："雪兔子有一种独特的本领，当温度过低不适合生长时，它就会处于休眠状态，每年只在气温最高的2个月生长，所以它是世界上最不怕冷的植物。"

　　叮叮和安妮不仅学到了新的知识，而且得到了一株非常可爱的雪兔子，他们把它捧在怀里，心满意足地下山去了。